Auslegung und Nachweisführung eines Getriebes

Nils Cordes

Bibliografische Information der Deutschen Nationalbibliothek:

Die Deutsche Nationalbibliothek verzeichnet diese Publikation in der Deutschen Nationalbibliografie; detaillierte bibliografische Daten sind im Internet über http://dnb.d-nb.de abrufbar.

ISBN: 9783346536976
Dieses Buch ist auch als E-Book erhältlich.

Nymphenburger Straße 86
80636 München

Druck und Bindung: Books on Demand GmbH, Norderstedt Germany
Gedruckt auf säurefreiem Papier aus verantwortungsvollen Quellen

Das Buch bei GRIN: https://www.grin.com/document/1148215

FOM Hochschule für Oekonomie & Management Essen

Standort Hamburg

Berufsbegleitender Studiengang zum

B. Sc., Wirtschaftsingenieurwesen

4. Semester

Scientific Essay im Modul Maschinenelemente & -Systeme

Autor: Nils Cordes

Abgabedatum: 30.06.2020

Inhaltsverzeichnis

Abbildungsverzeichnis

1 – Einleitung

1.1 – Problemstellung und Relevanz

Als Mitarbeiter im Unternehmen Getriebefom wird die Auslegung und die Nachweisführung zu dem nachfolgenden Getriebe von mir ausgearbeitet. Es liegt die nachfolgende technische Zeichnung (s. Abbildung 1) vor. Außerdem stehen die technischen Daten nach Zeile 3 zur späteren Berechnung zur Verfügung:

- Eingangsdrehmoment T_N = 220 Nm
- Motordrehzahl n_1 = 870 U/min
- Die Gesamtübersetzung i_{ges} = 8,917
- Zähne: z_1 = 23, z_2 = 49, z_3 = 21
- Der Modul der ersten Getriebestufe m_{12} = 2,5 mm,
- Der Modul der zweiten Getriebestufe m_{34} = 3 mm,
- Welle I aus Vergütungsstahl C45E.

1.2 – Ziele und Gliederung

In Bezug auf das in Kapitel 1.1 erwähnte zugrunde liegende Problem, besteht das Ziel darin, einen Scientific Essay für die nächste Sitzung im Konstruktionsausschuss zu erstellen und die nachfolgende Ausarbeitung / Nachweisführung vorzustellen.

2 – Aufgabe 1) Technische Zeichnung erläutern – Funktion des Getriebes

In der Abbildung 1 (s. unten) ist die Getriebedarstellung im Schnitt (nicht maßstabsgetreu) und einige eingezeichnete Komponenten, die beiden Getriebestufen und der Kraftverlauf (rot eingezeichnet) zusehen. Nachfolgend werden einige Komponenten und deren Funktionen beschrieben. Nicht alle Komponenten die nachfolgend beschrieben werden, sind in der Abbildung 1 eingezeichnet / markiert. Dort sind lediglich die wichtigsten Komponenten eingezeichnet.

Aus der Zeichnung sind drei Wellen als elementare Komponenten im Getriebe zusehen. Eine Eingangswelle (rechts oben), eine Übergangswelle (mitte unten) und eine Ausgangswelle (links oben). Die Funktion der Welle ist, ein Drehmoment zu übertragen, die in diesem Fall durch Zahnräder weitergeleitet werden. Wellen werden auf Torsion und Querkräfte auf Biegung beansprucht.[1] Oben rechts auf der Abbildung ist die dünnere Eingangswelle abgebildet. Die Eingangswelle überträgt ein geringeres Drehmoment als die dickere Ausgangswelle links oben. Dafür weist die Eingangswelle eine höhere Drehzahl als die Ausgangswelle aus. Das Eingangsdrehmoment T_N beträgt 220 Nm an der Eingangswelle und die Drehzahl beträgt 870 U/min.

In dem Getriebe sind vier Zahnräder verbaut, um die Kraft zwischen den Wellen zu übertragen. Die Zahnräder sind an der Strich-Punkt-Linie zu erkennen. Während des Einsatzes des Getriebes greifen die Zähne bei Drehung der Welle in die entsprechenden Zahnlücken des Gegenrades. Die Arbeitsflanken eines Radpaares treffen sich im Eingriffspunkt.[2]

Abbildung 1: Komponenten des Getriebes, Kraftverlauf und Getriebestufen

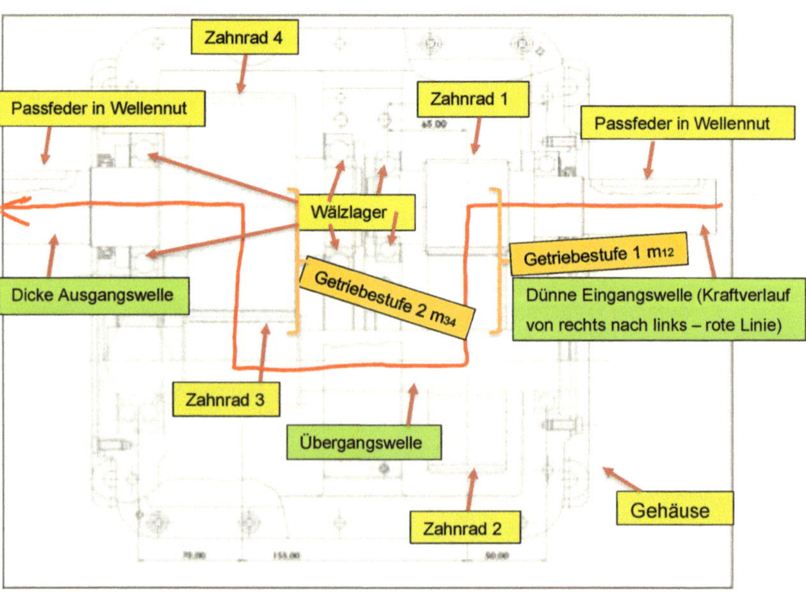

1 Vgl. *Herbert Wittel*, et al., Roloff/Matek Maschinenelemente, 24. Auflage, 2019, S. 383.
2 Vgl. *Herbert Wittel*, et al., Roloff/Matek Maschinenelemente, 24. Auflage, 2019, S. 757.

Quelle: Eigene Darstellung in Anlehnung an die Abbildung aus der Aufgabenstellung Scientific Essay Maschinenelemente- & Systeme

An der Eingangs- und Ausgangswelle ist eine Wellennut zusehen, in diese wird jeweils eine Passfeder eingelegt. Dadurch entsteht eine Welle-Nabe-Verbindung. Die Funktion der Passfeder ist, eine formschlüssige Verbindung herzustellen, um ein Drehmoment von dem Motor auf die Eingangswelle (rechts) zu übertragen. Die Passfeder ist also da, um eine Kraftübertragung zu gewährleisten.[3]

Die beiden Getriebestufen m_{12} und m_{34} sind in der technischen Zeichnung eingezeichnet. Die erste Getriebestufe wirkt an der Eingangswelle und wird dann über die Übergangswelle unten in der Mitte an die Ausgangswelle oben links übertragen.

Das Gehäuse sorgt dafür, dass kein Dreck und Schmutz in das Getriebe kommt und zum Schutz von Personen.

Direkt am Eingang bzw. Ausgang von den Wellen, an den Punkten, an denen die Eingangs- und Ausgangswelle in das Gehäuse eingehen sind Dichtungen befestigt. Bei Getrieben werden häufig Radial-Wellendichtringe (RWDR) verwendet. Diese Wellendichtringe sind besonders langlebig und besitzen eine hohe Dichtwirkung. Die Funktion des Radial-Wellendichtrings ist, dass kein Schmutz oder Spritzwasser eindringt und kein Öl ausläuft.[4]

Im Gehäuse sind viele Rillenkugellager (Wälzlager) vorhanden. Das Rillenkugellager ist selbsthaltend und vielfältig einsetzbar. Außerdem ist es zudem noch preisgünstig. Daher wird dieses Wälzlager am häufigsten verwendet. Aus der Zeichnung geht hervor, dass genau solche Wälzlager verbaut sind. Diese haben die Funktion hohe Radialkräfte F_r und Axialkräfte F_a in beide Richtungen aufzunehmen.[5]

Die verbauten Schrauben sorgen dafür, dass der Gehäusedeckel an das Getriebe befestigt werden kann.

Der Kraftverlauf geht (rot eingezeichnet) von rechts nach links. Dies ist anhand der Anzahl der Zähne zu erkennen. z_1 = 23 Zähne, z_2 = 49 Zähne und z_3 = 21 Zähne sind bekannt. Z_4 ist unbekannt. Der Modul von dem ersten Zahnradpaar ist gleich

[3] Vgl. *Herbert Wittel*, et al., Roloff/Matek Maschinenelemente, 24. Auflage, 2019, S. 421 ff.
[4] Vgl. *Herbert Wittel*, et al., Roloff/Matek Maschinenelemente, 24. Auflage, 2019, S. 746.
[5] Vgl. *Herbert Wittel*, et al., Roloff/Matek Maschinenelemente, 24. Auflage, 2019, S. 538.

2,5 mm. Der Modul m eines Zahnradpaares muss immer das gleiche sein.[6] Der Modul des zweiten Zahnradpaares ist gleich 3 mm.

Die Formel der Zähnezahl lautet z = $\frac{d}{m}$.

Über die Formel lässt sich der Modul m wie folgt berechnen:

$m = \frac{d}{z}$ Teilkreisdurchmesser/Zähnezahl.

Der Modul von 2,5 mm bei dem ersten Zahnradpaar:

Zähne Zahl von z_1 = 23 und von z_2 = 49

$m = \frac{d}{z}$ = Modul bleibt gleich.

Das heißt, wenn die Zähne Zahl ansteigt, muss der Durchmesser auch ansteigen, sonst verändert sich der Modul m.

Wenn das erste Zahnrad 23 Zähne und das zweite 49 Zähne hat muss auch der Durchmesser ansteigen. Deshalb ist rechts die Eingangswelle (dünnere Welle) und links die Ausgangswelle (dickere Welle).[7]

Daraus ergibt sich die Nummerierung der Zahnräder.

Die Funktion des Getriebes ist, dass das Drehmoment umgewandelt wird und steigt und die Drehzahl von dem angetriebenen Motor sinkt. Das erkennt man daran, dass das Gesamtübersetzungsverhältnis i_{ges} größer als 1 ist. I_{ges} = 8,917. Wenn $i_{ges} > 1$, dann treibt ein kleines Zahnrad ein großes Zahnrad an.[8]

3 – Aufgabe 2) Getriebedaten

Im Folgenden werden einige Getriebedaten u.a. von dem Zahnrad 3 und das Übersetzungsverhältnis der zweiten Getriebestufe sowie die Zähne Zahl von Zahnrad 4 ermitteln. Zudem wird die Teilung, Zahndicke und Lückenweite von Zahnrad 2 ermittelt.

[6] Vgl. *Herbert Wittel*, et al., Roloff/Matek Maschinenelemente, 24. Auflage, 2019, S. 784.
[7] Vgl. *Roland Gomeringer*, et al. Tabellenbuch Metall, Europa Verlag, 47. Auflage, 2018, S. 260.
[8] Vgl. *Herbert Wittel*, et al., Roloff/Matek Maschinenelemente, 24. Auflage, 2019, S. 757 ff.

3.1 – Ermittlung des Abtriebsdrehmoments, Kopfkreis-, Wälz-/Teilkreis- und Fußkreisdurchmesser von Zahnrad 3

1) Das **Abtriebsdrehmoment** von Zahnrad 3 lässt sich wie folgt berechnen.

Durch folgende Formel lässt sich das Abtriebsdrehmoment berechnen:

Gegeben ist das Eingangsdrehmoment T_N = 220 Nm und die Gesamtübersetzung i_{ges} = 8,917.

Formel: $T_{N\,AB} = i_{ges} \times T_N$ = 8,917 × 220 Nm = 1.961,74 Nm.[9]

Das Abtriebsdrehmoment beträgt also 1.961,74 Nm.

Zur weiteren Berechnung des Kopfkreis-, Wälz-/Teilkreis- und des Fußkreisdurchmessers von Zahnrad 3 wird als erstes der Teilkreisdurchmesser benötigt.

2) Der **Teilkreisdurchmesser d** ist der Durchmesser von der Mitte der Zähne bis zum gleichen Abstand zur Außenkante der anderen Seite des Zahnrads. Der Teilkreisdurchmesser d lässt sich anhand der nachfolgenden Formel berechnen:

Gegeben sind folgende Werte: Der Modul m_{34} = 3 mm und die Zähne Zahl des Zahnrads 3 = 21. Folgende Formel wird zur Berechnung benötigt:

$d = m_{34} \times z$

d = 3 mm × 21 **= 63 mm**

Somit hat der Teilkreisdurchmesser d einen Durchmesser von 63 mm.

3) Anschließend lässt sich der **Kopfkreisdurchmesser d_a** berechnen. Der Kopfkreisdurchmesser ist der Durchmesser des gesamten Zahnrads von der Oberkante der Zähne bis zum anderen Ende des Zahnrades.

Gegeben ist der Teilkreisdurchmesser d = 63 mm und der Modul m_{34} = 3 mm.

Zur Berechnung des Kopfkreisdurchmessers ergibt sich nachfolgende Formel:

$d_a = d + 2 \times m$

[9] Vgl. *Roland Gomeringer*, et al. Tabellenbuch Metall, Europa Verlag, 47. Auflage, 2018, S. 35 – Drehmoment bei Zahnradtrieben.

d_a = 63 mm + 2 × 3 mm = **69 mm**

Der Kopfkreisdurchmesser d_a beträgt 69 mm.[10]

4) Nun wird der **Fußkreisdurchmesser d_f** berechnet. Der Fußkreisdurchmesser ist der Durchmesser von der Unterkante der Zähne bis zum selben Abstand von der Unterkante der Zähne bis zur Außenlinie.

Gegeben ist der Teilkreisdurchmesser = 63 mm, der Modul m_{34} = 3 mm und c = 0,25 × m.

Zur Berechnung des Fußkreisdurchmessers ergibt sich folgende Formel:

$d_f = (d - 2 \times (m + c))$

d_f = (63 mm – 2 × (3 mm + 0,25 × 3 mm) = **55,5 mm.**

Der Fußkreisdurchmesser beträgt somit 55,5 mm.[11]

3.2 – Ermittlung des Achsabstands der Wellen, das Übersetzungverhältnis der zweiten Getriebestufe sowie die Zähne Zahl von Zahnrad 4

1) Zur Ermittlung der **Zähne Zahl an Zahnrad 4** ergibt sich nachfolgende Formel:

Gegeben sind die Zähne Zahlen der Zahnräder 1 bis 3.

z_1 = 23 Zähne, z_2 = 49 Zähne, z_3 = 21 Zähne

i_{ges} = 8,917

$i_{ges} = \frac{z2*z4}{z1*z3}$ → Nach z_4 umgeformt.

$$z_4 = \frac{iges * z1 * z3}{z2}$$

$$z_4 = \frac{8{,}917 * 23 * 21}{49} \approx 88 \text{ Zähne.}$$

Das Zahnrad 4 hat also 88 Zähne.[12]

10 Vgl. *Roland Gomeringer*, et al. Tabellenbuch Metall, Europa Verlag, 47. Auflage, 2018, S. 260.
11 Vgl. *Herbert Wittel*, et al., Roloff/Matek Maschinenelemente, 24. Auflage, 2019, S. 786.
12 Vgl. *Roland Gomeringer*, et al. Tabellenbuch Metall, Europa Verlag, 47. Auflage, 2018, S. 263.

2) **Das Übersetzungsverhältnis** der zweiten Getriebestufe m_{34} berechnet sich aus dem Verhältnis der Zähne Zahl z_4 = 88 und der Zähne Zahl z_3 = 21.

I_{34} von m_{34} ist also $\frac{z4}{z3} = \frac{88}{21}$ = 4,19.

Das Übersetzungsverhältnis der zweiten Getriebestufe beträgt also 4,19.

3) **Der Achsabstand der Wellen a1 und a2** ist über den nachfolgenden Weg zu ermitteln:

Gegeben ist der Modul m_{12} = 2,5 mm und m_{34} = 3 mm sowie die Zähne Zahlen der vier Zahnräder.

Durch folgende Formel lassen sich die Achsabstände berechnen:

a1 = $\frac{m12*(z1+z2)}{2}$

a1 = $\frac{2{,}5\ mm*(23+49)}{2}$ = 90 mm.

a2 = $\frac{m34*(z3+z4)}{2}$

a2 = $\frac{3\ mm*(21+88)}{2}$ = 163,5 mm.

Damit ergibt sich für die Welle 1 ein Achsabstand von 90 mm und für die Welle 2 ein Achsabstand von 163,5 mm.[13]

3.3 – Ermittlung der Teilung, Zahndicke und Lückenweite von Zahnrad 2

Gesucht ist die Teilung p, die Zahndicke s und die Lückenweite e von Zahnrad 2

Gegeben ist wieder der Modul m_{12} = 2,5 mm. Damit kann schon wie folgt die **Teilung p** berechnet werden.

p = $\pi * m12$

p = $\pi * 2{,}5\ mm$ = 7,85 mm.

Die Teilung p beträgt 7,85 mm.[14]

[13] Vgl. *Herbert Wittel*, et al., Roloff/Matek Maschinenelemente, 24. Auflage, 2019, S. 786, 21.8.
[14] Vgl. *Roland Gomeringer*, et al. Tabellenbuch Metall, Europa Verlag, 47. Auflage, 2018, S. 260.

Die **Zahndicke s und die Lückenweite e** ergänzen sich als Bogenmaß zu p = s+e und s = $\frac{p}{2}$

s = $\frac{7{,}85}{2}$ = 3,925 mm.

e = s = 3,925 mm.

Damit ergibt die Zahndicke s und die Lückenweite e 3,925 mm.[15]

4 – Aufgabe 3) Auslegung der Passfederverbindung

Die Passfederverbindung der Eingangswelle soll ausgelegt werden mit Ø d1 = 33 mm. Die passende Passfeder soll normgerecht nach DIN 6885, Form A aus E295 GC+C ermittelt werden.

Die Länge L der Passfeder wird im weiteren Verlauf der Passfederauslegung ermittelt. Daher wird zur nachfolgenden Berechnung die Überschlagsmethode C gewählt.[16]

Folgende Daten zur Berechnung sind gegeben:

- Werkstoff C45E für die Welle 1,
- Für die Passfeder der Werkstoff E295 GC+C
- Eingangsdrehmoment T_N = 220 Nm
- ø d1 = 33 mm
- n = 1 (Anzahl der Passfeder n)
- φ = 1 (Tragfaktor = 1 bei n = 1)[17]

Zuerst wird die Breite b und die Höhe h der Passfeder aus dem Tabellenbuch aus der TB 12-2a ermittelt.

15 Vgl. *Herbert Wittel*, et al., Roloff/Matek Maschinenelemente, 24. Auflage, 2019, S. 784 Abs. 2.
16 Vgl. *Herbert Wittel*, et al., Roloff/Matek Maschinenelemente, FORMELSAMMLUNG, 15. Auflage, 2019, S. 135.
17 Vgl. *Herbert Wittel*, et al., Roloff/Matek Maschinenelemente, 24. Auflage, 2019, S. 422, 423.

Aus der Tabelle lässt sich bei dem Durchmesser von 33 mm die Breite b = 10 mm und die Höhe h = 8 mm ablesen.[18]

Zur späteren Berechnung wird die tragende Passfederhöhe h_{tr} benötigt. Diese wird berechnet aus: $h_{tr} = h - t_1$ (Passfederhöhe h subtrahiert mit der Nuttiefe t_1 aus TB 12-2a).[19] [20]

Die Nuttiefe t_1 ist gleich 5 mm. Also ergibt sich folgende Berechnung der tragenden Passfederhöhe h_{tr}:

H_{tr} = 8 mm – 5 mm = 3 mm.

Die Streckgrenze R_e von dem Material E295GC+C Blankstahl aus Baustählen der Passfeder wird aus TB1-1h ermittelt. Diese beträgt 420 N/mm2.[21] [22]

Die Streckgrenze R_e von dem Material C45E Vergütungsstahl der Welle wird aus der TB1-1f ermittelt. Diese beträgt 490 N/mm2.[23]

Zur weiteren Berechnung wird der „schwächere" Werkstoff betrachtet. Also in dem Fall das Material E295GC+C von der Passfeder.[24]

Daraus lässt sich dann p_{zul} berechnen.

$$p_{zul} = \frac{Re*Kt}{SF}$$ [25]

Der SF-Wert lässt sich aus der TB 12.1b) ablesen. Dieser beträgt 1,1.[26]

Der Kt-Wert lässt sich aus der TB 3-11a/b mit TB 3-11e ablesen. Dieser beträgt 1.[27]

$$p_{zul} = \frac{420*1}{1,1} = 381,81 \text{ N/mm}^2 \approx 381 \text{ N/mm}^2.$$

[18] Vgl. *Herbert Wittel*, et al., Roloff/Matek Maschinenelemente, Tabellenbuch 24. Auflage, 2019, S. 184, TB 12-2a.

[19] Vgl. *Herbert Wittel*, et al., Roloff/Matek Maschinenelemente, 24. Auflage, 2019, S. 454.

[20] Vgl. *Herbert Wittel*, et al., Roloff/Matek Maschinenelemente, Tabellenbuch 24. Auflage, 2019, S. 184, TB 12-2a.

[21] Vgl. *Herbert Wittel*, et al., Roloff/Matek Maschinenelemente, 24. Auflage, 2019, S. 454.

[22] Vgl. *Herbert Wittel*, et al., Roloff/Matek Maschinenelemente, Tabellenbuch 24. Auflage, 2019, S. 6, TB 1-1h.

[23] Vgl. *Herbert Wittel*, et al., Roloff/Matek Maschinenelemente, Tabellenbuch 24. Auflage, 2019, S. 5, TB 1-1f.

[24] Vgl. *Herbert Wittel*, et al., Roloff/Matek Maschinenelemente, 24. Auflage, 2019, S. 423.

[25] Vgl. *Herbert Wittel*, et al., Roloff/Matek Maschinenelemente, 24. Auflage, 2019, S. 454.

[26] Vgl. *Herbert Wittel*, et al., Roloff/Matek Maschinenelemente, Tabellenbuch 24. Auflage, 2019, S. 183, TB 12-1b.

[27] Vgl. *Herbert Wittel*, et al., Roloff/Matek Maschinenelemente, Tabellenbuch 24. Auflage, 2019, TB 3-11a/b mit TB3-11e.

Mit der folgenden Formel wird die Auslegung der Passfeder und anschließend die Länge der Passfeder ermittelt.

$p_m \approx \frac{2*Tn}{d*ltr*htr*n*\ \varphi} \leq p_{zul}$. → Diese Formel nach L_{tr} umstellen.

→ $L_{tr} = \frac{2*Tn}{d*htr*n*\ \varphi*pzul}$

→ $L_{tr} = \frac{2*220.000\ mm^2}{33*3*1*\ 1*381}$ = 11,67 mm.[28]

Somit lässt sich die Länge der Passfeder wie folgt berechnen:

L_{tr} = l - b → Nach L umstellen

L = l_{tr} + b

L = 11,67 mm + 10 mm

L = 21,67 mm.

Die Länge der Passfeder beträgt 21,67 mm.[29]

Nach der Normung DIN 6885 wird aus Sicherheitsgründen die nächstgrößere Nennlänge genommen.

Damit muss folgende Passfeder aus der Tabelle TB 12-2 entnommen werden:

DIN 6885-A-10x8x22 mm.[30]

5 – Aufgabe 4) Auflagerreaktionskräfte bestimmen

In diesem Kapitel werden die Auflagerreaktionskräfte bestimmt. Diese dienen einer späteren Auslegung der Wälzlager an der Welle III.

Für die nachfolgende Berechnung sind folgende Werte gegeben.

- Anwendungsfaktor K_A = 1,5
- Symmetrische Lagerung (Abstand jeweils 70 mm)
- 88 Zähne hat z_4

28 Vgl. *Herbert Wittel*, et al., Roloff/Matek Maschinenelemente, 24. Auflage, 2019, S. 422 ff.
29 Vgl. *Herbert Wittel*, et al., Roloff/Matek Maschinenelemente, 24. Auflage, 2019, S. 423.
30 Vgl. *Herbert Wittel*, et al., Roloff/Matek Maschinenelemente, Tabellenbuch 24. Auflage, 2019, S. 184, TB 12-2.

- Modul der 2. Getriebestufe m_{34} = 3 mm
- Abtriebsdrehmoment: 1.961,74 Nm

Zuerst wird der Teilkreisdurchmesser ermittelt.

$d = z_4 \times m_{34}$

$d = 88 \times 3\ mm = 264\ mm$

So kann nun die Umfangskraft an z_4 ermittelt werden.

$T_4 = F_{U4} \times \frac{d}{2}$ → Nach F_{U4} umstellen.

$F_{U4} = \frac{2 * T4}{d}$

$F_{4H} = F_{U4} = \frac{2 * 1.961{,}74\ Nm}{0{,}264\ m}$ = 14.861,67 N → entspricht der Zahnradialkraft.

$F_{U4} = F_{4H}$ = 14.861,67 N.[31]

Für die horizontale Komponente F_{U4} der Kraft F_4 resultiert folgendes:

Der Berührungspunkt zweier Zahnflanken bewegt sich während des gesamten Eingriffs auf einer Eingriffslinie. Die Eingriffslinie ist i.d.R. um 20° geneigt. Somit ist die Kraft F_{U4} 20° unter der Eingriffslinie der Kraft F_4.

Abbildung 2: Horizontale Kraft F_{U4} und Kraft F_4

Anmerkung der Redaktion: Abbildung wurde aus urheberrechtlichen Gründen entfernt.

31 Vgl. *https://www.lehrerfreund.de/technik/1s/getriebewelle-berechnen/4599*, Zugriff am 24.06.2020.

Quelle: *https://www.lehrerfreund.de/technik/1s/getriebewelle-berechnen/4599*, Zugriff am 26.06.2020.

Somit kann die radiale Kraft auf dem Lager, die Kraft F_4, berechnet werden.

$$F_4 = \frac{Fu4}{\cos(\alpha)} = \frac{14.861{,}67\ N}{\cos(20)} = \underline{15.815{,}46\ \text{N}}$$

Die vertikale Kraft wird wie folgt errechnet:

$F_{4V} \times \sin(\alpha) = 15.815{,}46\ \text{N} \times \sin(20) = \underline{5.409{,}21\ \text{N}}$

Jetzt können die Lagerkräfte F_A und F_B berechnet werden. Es wird von einer symmetrischen Lagerung (Abstand jeweils 70 mm) ausgegangen.

Horizontale Kraft F_{AX} und F_{BX}:

$$\underline{F_{AX(H)}} = \frac{F4h*l}{2*l} = \frac{14.861{,}67\ N * 70\ mm}{2*70\ mm} = \underline{7.430{,}84\ \text{N}}$$

Die Horizontale Kraft F_{AX} beträgt 7.430,84 N.

$\sum F_X = 0 = F_{Ah} - F_{Bx}$

$\sum F_X = 0 = 7.430{,}84\ \text{N} - 7.430{,}84\ \text{N}$

$\underline{F_{BX(H)} = 7.430{,}84\ \text{N}}$

Laut der Gleichgewichtsbedingung und der symmetrischen Lagerung im selben Abstand von 70 mm ist $F_{AX} = F_{BX}$.

Vertikale Kraft F_{AY} und F_{BY}:

$\sum M_B = 0 = F_{4Y} \times l - F_{AY} \times (2 \times l)$

$$F_{AY(V)} = \frac{F4Y(V)*l}{2*l} = \frac{5.409{,}22 * 70\ mm}{2*70\ \text{mm}} = \underline{2.704{,}61\ \text{N}}$$

$\sum F_Y = 0 = F_{AV} - F_{BV}$

$\sum F_Y = 0 = 2.704{,}61\ \text{N} - 2.704{,}61\ \text{N}$

F_{BY} = 2.704,61 N.[32]

Gesamtbetrag der Kräfte F_A und F_B:
Um den Gesamtbetrag der Kraft F_A und F_B zu berechnen folgt folgende Formel:

Betrag der Kraft:

$$F = \sqrt{Fx^2 + Fy^2}$$

$$F = \sqrt{7.430,84^2 + 2.704,61^2}$$

$F_A = F_B$ = 7.907,74 N

Die äquivalente Lagerbelastung ergibt sich aus P = $|F_X| + |F_Y|$

Also ist $F_A = F_B$ = P = 7.907,74 N.

Die äquivalente Lagerbelastung bei vorliegenden dynamischen Zusatzkräften berechnet sich aus $P_{eq} = K_a \times P$, mit dem Anwendungsfaktor K_A = 1,5.

P_{eq} = 1,5 × 7.907,74 N = 11.861,61 N.[33] [34]

Die äquivalente Lagerbelastung beträgt 11.861,61 N.

6 – Aufgabe 5) Befestigung des Zahnrads 2 mit Rundklebung

In diesem Kapitel geht es darum, eine Prüfung durchzuführen, ob zur Befestigung des Zahnrads 2 anstelle der Passfeder auch eine Rundklebung möglich ist.

Gegeben sind die folgenden Werte:

- l_1 = 48 mm (breite des Zahnrads)
- Drehmoment zu übertragen: T_2 in Nm = 740 Nm = 740.000 N/mm2
- Kleber: Technicoll 8280
- Durchmesser der Welle: 38 mm
- Getriebe ist bis 100°C erwärmbar
- Getriebe hat nur eine Drehrichtung

32 Vgl. *Roland Gomeringer*, et al. Tabellenbuch Metall, Europa Verlag, 47. Auflage, 2018, S. 33
33 Vgl. *Herbert Wittel*, et al., Roloff/Matek Maschinenelemente, 24. Auflage, 2019, S. 563.
34 Vgl. *Herbert Wittel*, et al., Roloff/Matek Maschinenelemente, Tabellenbuch 24. Auflage, 2019, TB 3-5a.

Die Berechnung bzw. Prüfung erfolgt wie folgt:

Folgende Fragen und Hinweise sollten vor Beginn der Ausarbeitung beachtet werden:

1) Welches Material wird geklebt? → Getriebe, C45E und E295GC+C
2) Handelt es sich um eine Warm- oder Kaltklebung? → Warm, Technicoll 8280
3) Besteht eine wechselnde oder schwellende Belastung? → Getriebe in eine Drehrichtung, also eine schwellende Belastung: $T_{Ksch} = 0,8 \times T_{KB}$.[35]
4) Zum Schluss wird die vorhandene Spannung mit der zulässigen Spannung verglichen.
5) Die zulässige Spannung muss immer größer sein als die vorhandene Spannung, dann hält die Verbindung.

Nun kann mit der Berechnung begonnen werden.

Als erstes wird die Bindefestigkeit (Zugscherfestigkeit) T_{KB} ermittelt. Die Bindefestigkeit ist die wichtigste Kenngröße für die Berechnung der Klebeverbindung. Die Werte der Bindefestigkeit sind abhängig vom Klebstoff, von Korrosionseinflüssen, von der Temperatur, der Klebschichtdicke und der Oberflächenrauheit vom Werkstoff der Bauteile.[36] Aus der TB 5-2 und 5-3 werden wird die Bindefestigkeit T_{KB} ermittelt.

T_{KB} beträgt nach der Tabelle und dem Kleber Technicoll 8280 bei einer Temperatur von 100°C - 36 N/mm^2. Zur Sicherheit ist der nächste höhere Wert bei 105°C zu entnehmen. Also $T_{KB} = 36\ N/mm^2$.[37]

Nun wird der Wert für die schwellende Belastung mit $T_{Ksch} = 0,8 \times T_{KB}$ berechnet.

Daraus ergibt sich dann folgendes Ergebnis:

$T_{Ksch} = 0,8 \times 36\ N/mm^2 = \underline{28,8\ N/mm^2}$.

Jetzt liegen alle Werte zur Berechnung der zulässigen Spannung vor.

[35] Vgl. *Herbert Wittel*, et al., Roloff/Matek Maschinenelemente, 24. Auflage, 2019, S. 111.
[36] Vgl. *Herbert Wittel*, et al., Roloff/Matek Maschinenelemente, 24. Auflage, 2019, S. 110.
[37] Vgl. *Herbert Wittel*, et al., Roloff/Matek Maschinenelemente, Tabellenbuch 24. Auflage, 2019, TB 5-2.

Es handelt sich um eine schubbeanspruchte Rundklebung (rotationssymmetrische Überlappung) unter Torsionsmoment T. Nach der Gleichung 5.5 stellt man die vorhandene Spannung T_K der zulässigen Spannung gegenüber.

Gleichung 5.5:

$T_K = \frac{2 * T}{\pi * d^2 * b} \leq \frac{Tkb}{S}$. [38]

S ist die Sicherheit, die neben der eigentlichen Sicherheit noch Unsicherheiten durch weitere Einflussfaktoren beinhaltet. Wir gehen von einer mittleren Sicherheit von 2 aus.

T = größtes zu übertragendes Drehmoment

d = Wellendurchmesser

b = Klebfugenbreite[39]

Nun wird die zulässige Spannung berechnet:

$\frac{Tkb}{S} = \frac{28{,}8\ N/mm^2}{2} = 14{,}4\ N/mm^2$.

Anschließend wird die vorhandene Spannung berechnet:

$T_K = \frac{2 * T}{\pi * d^2 * b} = \frac{2 * 710.000\ N/mm^2}{\pi * 38^2 * 48\ mm} = 6{,}790 \approx 6{,}8\ N/mm^2$.

$6{,}8\ N/mm^2 < 14{,}4\ N/mm^2$.

Die vorhandene Spannung ist kleiner als die zulässige Spannung. Die Verbindung für die schwellende Belastung hält! Eine Rundklebung ist also anstelle der Passfeder möglich.

7 – Aufgabe 6) Befestigung des Zahnrads 2 mit Rundschweißung

In der letzten Aufgabe des Scientific Essays geht es darum, eine Prüfung durchzuführen, ob das Zahnrad 2 auch auf die Welle geschweißt werden kann. An beiden Seiten des Zahnrades ist eine a4 Kehlnaht (Rundschweißung) vorgesehen.

Zur späteren Berechnung liegen folgende Werte vor:

- Zahnradbreite l_2 = 48 mm

[38] Vgl. *Herbert Wittel*, et al., Roloff/Matek Maschinenelemente, 24. Auflage, 2019, S. 114.
[39] Vgl. *Herbert Wittel*, et al., Roloff/Matek Maschinenelemente, 24. Auflage, 2019, S. 115.

- Wellendurchmesser = 40 mm
- Zu übertragendes Drehmoment T_{2_w} in Nm = 790 = 790.000 N/mm2.
- Das Getriebe besitzt nur eine Drehrichtung
- Die Bauteile bestehen aus dem Material S355

Zur Berechnung der zulässigen Spannung sind die Tabellen TB 6-11, 6-12 und 6-13 zu verwenden.[40]

Als erstes wird die Formel des Torsionswerts W_t aus der Tabelle 11-3 ermittelt.

Die Formel lautet: Wt = $2 \times \frac{\pi}{16} \times \frac{D^4-d^4}{D}$. [41]

Wir setzen ein 2 x vor die Formel, da die a4 Kehlnaht an beiden Seiten des Zahnrades geschweißt werden soll.

Die Formel für die Torsion-Nennspannung lautet:

$\frac{T}{2 \times a \times \pi \times r^2}$ = $T_{t\,vorh} = \frac{T}{Wt}$, denn Wt = $2 \times a \times \pi \times r^2$.[42]

Setzt man nun die Torsions-Nennspannungs-Formel in die Formel Wt von oben ein, erfolgt folgende Formel:

$$T_{t\,vorh} = \frac{T}{2 \times \frac{\pi}{16} \times \frac{(D^4-d^4)}{D}}$$

Für die Durchmesser D_4 und d_4 muss die a4-Kehlnaht beachtet werden. Auf den Durchmesser von 40 mm werden für D_4 4 mm addiert und für d_4 4 mm abgezogen. Denn die a4 Kehlnaht hat eine Schweißdicke von 4 mm. Diese geht auf beiden Seiten der Rundschweißung über und unter dem normalen Durchmesser der Welle.

Das heißt: D_4 = 44 mm und d_4 = 36 mm.[43] [44]

Nun werden die gegebenen Werte in die Formel zur Berechnung der vorhandenen Spannung eingesetzt:

40 Vgl. *Herbert Wittel*, et al., Roloff/Matek Maschinenelemente, 24. Auflage, 2019, S. 188 ff.
41 Vgl. *Herbert Wittel*, et al., Roloff/Matek Maschinenelemente, Tabellenbuch 24. Auflage, 2019, TB 11-3.
42 Vgl. *Herbert Wittel*, et al., Roloff/Matek Maschinenelemente, 24. Auflage, 2019, S. 186.
43 Vgl. *Herbert Wittel*, et al., Roloff/Matek Maschinenelemente, 24. Auflage, 2019, S. 144.
44 Vgl. *Herbert Wittel*, et al., Roloff/Matek Maschinenelemente, 24. Auflage, 2019, S. 176.

$T_{t\,vorh} = \frac{790.000\ N/mm^2}{2 \times \frac{\pi}{16} \times \frac{(44^4 - 36^4)}{44}} = 42{,}79\ N/mm^2$.

Um eine Feststellung über die Festigkeit treffen zu können, wird die zulässige Spannung mit Hilfe der TB 6-11, 6-12 und 6-13 ermittelt.[45]

Es handelt sich um eine Drehrichtung und um eine schwellende Belastung.

Also ist $\kappa = 0$.[46]

$T_{w\,zul}$ ist die zulässige Spannung für die Schweißnaht bzw. das Bauteil mit der Kerbfalllinie aus TB6-11 und dem Diagramm TB6-12.

Für Bauteile > 10 mm wird der Wert aus TB6-12 mit dem Dickenbeiwert aus TB6-13 abgemindert.

Laut TB6-11 handelt es sich um die Kerbfalllinie H. Für das Material S355 aus TB6-12 kann nun der Wert 100 N/mm^2 abgelesen werden.

Da das Bauteil > 10 mm ist muss der Dickebeiwert aus TB6-13 berücksichtigt werden.

$b \approx (\frac{10\ mm}{b})^{0,1} \approx (\frac{10\ mm}{48\ mm})^{0,1} = 0{,}854$

Nun wird $T_{w\,zul}$ mit dem Dickebeiwert multipliziert.

$T_{w\,zul} = 100\ N/mm^2 \times 0{,}854 = 85{,}4\ N/mm^2 \approx 85\ N/mm^2$.

Falls $T_{t\,vorh} \leq T_{w\,zul}$ hält die Verbindung und ist dauerfest.

$42{,}79 < 85\ N/mm^2$.

Damit ist die vorhandene Spannung kleiner als die zulässige Spannung und die Schweißverbindung ist dauerfest.

8 – Fazit

Abschließend ist zusagen, dass alle Herausforderung der Aufgaben überwiegend mit dem Buch Roloff/Matek Maschinenelemente, das dazugehörige Tabellenbuch und dem Tabellenbuch Metall bearbeitet werden konnten. Zur Bestimmung der Auflagerreaktionen aus Aufgabe 4 wurde auf eine Internetquelle und auf diverse

45 Vgl. *Herbert Wittel*, et al., Roloff/Matek Maschinenelemente, 24. Auflage, 2019, S. 188.

46 Vgl. *Herbert Wittel*, et al., Roloff/Matek Maschinenelemente, 24. Auflage, 2019, S. 189.

Formelsammlungen aus dem Tabellenbuch Metall zurückgegriffen. Viele Formeln und Bearbeitungsmethoden konnten dabei aus dem Modul Technische Mechanik angewendet werden.

Ein nachfolgendes Video zu der Fragestellung „Gestalten und Entwerfen“ rundet die Arbeit ab.

Literaturverzeichnis

Gomeringer, Roland, Heinzler, Max, Kilgus, Roland, Menges, Volker, Oesterle, Stefan, Rapp, Thomas, Scholer, Claudius, Stenzel, Andreas, Stephan, Andreas, Wieneke, Falko, (Tabellenbuch Metall, Europa Lehrmittel, 2018): Tabellenbuch Metall, 47., neu überarbeitete und erweiterte Auflage, 2018.

Wittel, Herbert, Jannasch, Dieter, Voßiek, Joachim, Spura, Christian, (Roloff/Matek Maschinenelemente, 2019): Roloff/Matek Maschinenelemente, Normung, Berechnung, Gestaltung, 24., überarbeitete und aktualisierte Auflage, 2019

Wittel, Herbert, Jannasch, Dieter, Voßiek, Joachim, Spura, Christian, (Roloff/Matek Maschinenelemente, 2019): Roloff/Matek Maschinenelemente, Tabellenbuch, 24., überarbeitete und aktualisierte Auflage, 2019

Wittel, Herbert, Jannasch, Dieter, Spura, Christian, (Roloff/Matek Maschinenelemente, Formelsammlung 2019): Roloff/Matek Maschinenelemente, Formelsammlung, 15., überarbeitete und aktualisierte Auflage, 2019

Internetquellen

Lehrerfreund.de (Getriebewelle berechnen, o. J.): Getriebewelle berechnen, <https://www.lehrerfreund.de/technik/1s/getriebewelle-berechnen/4599> (keine Datumsangabe) [Zugriff 2020-06-24]